LE VRAI

PROMÉTHÉE

OU

L'ÉCOLE ÉTERNELLE

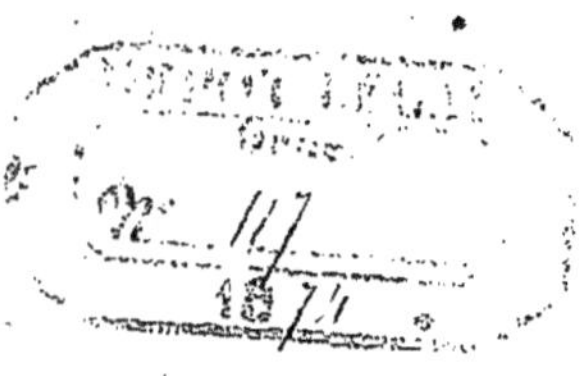

> Ego aio cum Hippocrate, si unum esset
> homo nunquam doleret, neque enim esset
> unde doleret si unum foret.
>
> (Galenus. Introductio de Elementis).

PARIS

CHEZ J.-B. BAILLIÈRE ET FILS

Rue Hautefeuille, 19.

—

1874

EXTRAITS DU COMPTE-RENDU

DE

L'ASSEMBLÉE GÉNÉRALE ANNUELLE

DE LA SOCIÉTÉ DES

MÉDECINS DE L'ORNE

Tenue à l'Aigle

Le Mercredi 5 août 1874

1° — ASSEMBLÉE GÉNÉRALE

M. le président Damoiseau prononce le discours suivant :

MESSIEURS ET CHERS CONFRÈRES,

A nos dernières Assemblées, quand nous venions à réfléchir que plusieurs années de suite nous avions eu la chance de nous revoir et de nous compter sans être obligés de traiter la question nécrologique, ne nous semblait-il pas en vérité que la cruelle mort avait eu quelques égards pour nos têtes, hélas! plus ou moins blanchissantes? Cette fois l'impitoyable ennemie du genre humain à revendiqué ses imprescriptibles droits en frappant le meilleur et le plus sympathique d'entre nous, cet excellent docteur Barbey, qui a terminé une belle vie par une mort encore plus belle. Je laisse à notre vénéré Doyen, le docteur Delaporte, de

Vimoutiers, l'honneur qu'il a réclamé de nous entretenir aujourd'hui de notre très-regretté confrère.

La passion du docteur Barbey pour les voyages en général, son grand voyage en Palestine, en particulier, et, ce fameux incident surtout qu'il racontait toujours avec émotion, alors que la caravane dont il faisait partie apercevant tout à coup du sommet d'une colline la Ville Sainte et son horizon, consacré par tant de souvenirs, il tomba avec ses compagnons de voyage la face contre terre en s'écriant : *Jérusalem !* *Jérusalem !* Cet heureux voyage et cette arrivée plus heureuse encore, ont à plusieurs reprises attiré mon attention sur un pélerinage d'un autre ordre, mais encore plus intéressant pour nous, je veux dire sur l'itinéraire de la science européenne depuis trois siècles, non point de Paris à Jérusalem, mais des ténèbres épaisses d'un tunnel de six mille ans au grand jour du vrai soleil de la Vérité....

Cet événement prodigieux dont l'approche tient l'humanité toute entière en éveil, nous a été annoncé dans ces dernières années avec une admirable précision par les plus illustres d'entre nos savants contemporains.

« Nous sommes à une époque de transition », dit l'illustre physicien Lamé.

« L'arcane mystérieux, gardé par les génies dans les profondeurs de l'hyadès, va-t-il se révéler à l'homme? Sommes-nous à l'aurore d'une manifestation complète de la vérité? Allons-nous découvrir le sublime inconnu de l'éternel problème? »

« La science future reconnaîtra dans l'éther le véritable Roi de la nature physique, ajoute-t-il. Mais nous ne connaissons ce nouveau-venu *que par notre intelligence*, et l'ancienne matière, saisie et diversement définie par nos sens, nous ne la connaissons encore que très-imparfaitement (1) »

« La fin de ce siècle, dit de son côté M. Dumas, de l'Ins-

---

(1) Voy. t. LVI, page 986 des compte-rendus de l'Académie des sciences.

titut, dans son rapport sur le grand prix Ruhmkorf, verra le développement de doctrines nouvelles sur la nature et la force. Envisagée d'un esprit plus libre, la Force éternelle, indestructible, deviendra par ses transformations l'instrument de ces découvertes rapides, inattendues, éclatantes, qui étendent le pouvoir de l'homme sur la nature et qui multiplient ses jouissances, tout en élevant son intelligence vers *une contemplation plus sereine* et plus haute de l'ordre de l'univers et des lois de la création. »

Dans la marche de la science vers la vérité, je me propose, Messieurs et chers Confrères, de considérer successivement : 1º le point de départ ; 2º le voyage proprement dit avec ses marches et contre-marches, et 3º enfin, l'heureuse arrivée.

Le point de départ de la science européenne étant tout entier dans l'œuvre de Copernic, il y a 3 siècles, je vous demande la permission de vous en tracer ici une esquisse rapide que j'extrais textuellement de la notice si remarquable qu'Arago a cru devoir consacrer à ce savant complet et véritablement universel dont Leibnitz a dit qu'il était : « *l'un des huit sages de la terre.* »

« Né à Thorn, alors capitale de la Prusse polonaise, le 12 février 1473, Copernic encore enfant, apprit les langues anciennes à la petite école de Saint-Jean de Thorn. A 18 ans, son oncle, l'évêque de Warmie, l'envoya à l'Université de Cracovie. Il s'y livra d'abord avec une ardeur extrême *à l'étude de la philosophie et de la médecine;* mais le hasard le conduisit aux leçons d'Albert Brudzewski, professeur d'astronomie et lui révéla sa véritable vocation.

A 23 ans il se rendit à Padoue et à Bologne pour étudier la philosophie, la médecine et l'astronomie.

En 1499, nous trouvons Copernic professant les mathématiques à Rome devant un auditoire nombreux et choisi.

De retour à Cracovie, en 1502, il se fit prêtre ; il avait alors 30 ans.

Sur la recommandation de l'évêque de Warmie, son oncle, il fut nommé en 1510, chanoine de Frauenburg, petite ville sur les bords de la Vistule. Là il partageait son temps entre les devoirs de sa nouvelle profession et ses méditations sur les questions astronomiques. Il prodiguait aussi ses soins aux pauvres malades, mettant ainsi à profit les connaissances étendues en médecine qu'il avait acquises dans les universités d'Italie.

La ville de Frauenburg, située sur une hauteur, fut redevable au talent de Copernic de la machine hydraulique qui y distribuait l'eau dans toutes les habitations.

L'ouvrage *De revolutionibus orbium cœlestium* qui portera le nom de Copernic jusqu'à la postérité la plus reculée, fut le fruit de trente années de méditations.

Cet ouvrage avait été conservé manuscrit par son auteur pendant 27 années, mais les principaux résultats de l'illustre astronome étaient publiés. Ces résultats étaient trop contraires aux opinions reçues pour ne pas devenir dans les mains des histrions (les histrions de tous les temps ont eu les mêmes passions), le sujet des plus ridicules et des plus ignobles parades.

Vaincu enfin par les sollicitations de son ami l'évêque de Culm, Copernic se décida à livrer son livre à l'impression. Rhéticus, son disciple, se chargea du soin de revoir les épreuves. C'est à Nuremberg que cette impression eut lieu en 1543.

A la tête du livre se trouve une épître dédicatoire à Paul III, qui portait alors la tiare. Elle est d'un style ferme et digne : « Votre autorité, dit-il, me servira de bouclier contre les méchants, malgré le proverbe qui prononce qu'il n'y a pas de remède à opposer à la morsure d'un calomniateur....

« Je suis certain que les savants et profonds mathématiciens applaudiront à mes recherches, si, comme il convient aux vrais philosophes, ils examinent à fond les preuves que j'apporte dans cet ouvrage. Si, des hommes légers ou ignorants voulaient abuser de quelques passages de l'Écriture dont ils détournent le sens, je ne m'y arrêterais pas, je méprise d'avance leurs attaques téméraires....

« Les vérités mathématiques ne doivent être jugées que par des mathématiciens. »

Copernic mourut à Frauenburg, le 23 mai 1543, et il eut la satisfaction de tenir dans ses mains défaillantes le premier exemplaire de son ouvrage que Rhéticus venait de lui envoyer.

L'ouvrage de Copernic fut condamné par la Congrégation de l'Index, le 5 mars 1616, sous le pontificat de Paul V.

On a fait remarquer que le Pape n'apposa jamais son visa à cet acte d'intolérance.

En écrivant son traité *Des révolutions célestes*, Copernic s'empressa avec une loyauté qui lui fait le plus grand honneur, de rendre aux anciens qui l'avaient précédé dans la carrière la plus entière justice. C'est ainsi qu'il cite le passage de Cicéron dans lequel il est dit que Nicetas, de Syracuse, expliquait le mouvement diurne du Ciel dirigé en apparence d'Orient en Occident par un mouvement de la Terre tournant autour d'un certain axe de rotation de l'Occident à l'Orient.

Philolaüs, philosophe pythagoricien si célèbre, que Platon, pour le visiter, fit tout exprès le voyage d'Italie, avait prétendu que la Terre était une planète circulant autour du Soleil. Copernic examine dans son grand ouvrage si cette opinion peut se concilier avec les phénomènes. Il trouve d'abord que le gros du mouvement apparent du Soleil peut se représenter tout aussi bien avec l'hypothèse que la Terre est une planète circulant autour du Soleil immobile, et dans la supposition contraire qui ferait circuler le soleil autour de la Terre en repos. Mais Copernic ajoute à ce résultat un examen comparatif de détail dans les deux hypothèses. Si la Terre est une planète, elle se transporte dans l'intervalle de six mois, d'un point de l'orbite au point diamétralement opposé. On a ainsi une base propre à déterminer les distances des diverses planètes à la Terre. C'est de cette manière qu'il obtient par la mesure des angles situés aux deux extrémités de cette base, les distances des diverses planètes au Soleil, exprimées en parties des distances de la Terre à ce même astre.

L'étendue de la rétrogradation et les moments des stations avant et après l'opposition des planètes dans leur cours sur la sphère des étoiles, se liaient à cette explication d'une manière admirable, et le phénomène qui avait, non sans raison fort embarrassé l'antiquité, se trouvait ainsi rangé parmi les simples apparences, résultat inévitable du mouvement de translation de la Terre. C'est à mon avis, dit Arago, dans cette belle démonstration que réside principalement la découverte de Copernic.

Ce n'est qu'à dater toutefois des grands travaux de Képler que le système de Copernic a été débarrassé des complications qui le déparaient encore, et qu'il est devenu l'expression simple, claire et géométrique des lois de la nature.

On peut dire enfin que Copernic s'est montré le créateur de l'astronomie moderne, ajoute encore Arago, lorsqu'il a dit : « J'appelle *gravité* un certain désir naturel appartenant *à toutes les parties de la matière*, en vertu duquel ces parties tendent à se réunir quelque soit le lieu qu'elles occupent. » (1)

Les splendides découvertes de Copernic et de Képler admirablement développées par Newton fournirent à cet illustre mathématicien l'occasion de donner à son grand ouvrage le titre de Principes mathématiques de philosophie naturelle (2) par opposition au livre de notre Descartes intitulé : les Principes de philosophie (3).

Le triomphe complet et sans conteste de l'école anglaise sur l'école française, de Locke et de Newton sur Pascal et Descartes, était passé à l'état de fait accompli depuis plus d'un siècle, lorsque la découverte astronomique récente *d'une nouvelle force cosmique opposée à l'attraction* (4) a

(1) Arago, Notices biographiques, t. III, p. 173.
(2) 1688.
(3) 1644.
(4) Bulletin de l'Association scientifique, 17 décembre 1871, p. 189.

permis à un illustre savant de l'Observatoire de Paris, de formuler la mémorable déclaration suivante :

« Cette seconde force cosmique, dit M. Faye, voilà le grand problème qui se pose à notre époque devant les astronomes et les physiciens, problème que Newton a couvert d'un voile épais. »

Chose remarquable ! ce qui arrive en ce moment à l'illustre inventeur de la gravitation universelle, était advenu à Locke il y a 40 ans, quand ce faux Dieu du 18e siècle fut convaincu par Broussais d'avoir couvert de ténèbres son propre sujet, en entreprenant de traiter de l'entendement humain à l'aide du sensualisme systématique qui n'est au fond que *la sensation transformée.*

La vérité, en effet, ne saurait être autre chose, après tout, qu'une équation entre la pensée de l'homme et l'objet connu, de manière que si le premier membre qui est l'intelligence en action, n'est pas naturel, préexistant et immuable, l'autre flotte nécessairement, il n'y a plus de vérité ni par conséquent de vraie science possible et de là le fameux mot de l'antique sagesse : *Connais-toi toi-même !*

Et c'est ainsi que Broussais, après avoir pendant la plus grande partie de sa vie brassé la matière, comme les autres, si l'on peut parler ainsi, a fini toutefois par dégager l'Esprit en écrivant, dans son opuscule posthume, *sur la valeur objective des sensations,* cet aphorisme que n'aurait pas renié le Père de la médecine lui-même, et que l'on ne saurait trop répéter et méditer, parce qu'il est la clef de la vraie méthode scientifique.

« Ne nous y trompons pas, écrit-il, le monde extérieur et les objets qu'il renferme, ne nous sont montrés que par l'Intelligence, d'après les formules de nos sens ».

La période Newtonienne a donc été en Europe comme la période correspondante du sensualisme du XVIIIe siècle, une époque de ténèbres épaisses pendant laquelle la véritable science n'a fait que rétrograder sous tous les rapports.

C'est ainsi que Locke a écrit, sur l'origine des lois, aussi

mal que sur l'origine des idées ; et que, sur ce point
encore, il a posé ces principes dont nous voyons les consé-
quences, principes qui nient tout, qui ébranlent tout, qui
protestent contre tout.

« Ces germes terribles eussent peut-être avorté en silence
sous les glaces de son style, dit de Maistre, mais
animés dans les boues chaudes de Paris, ils ont produit le
monstre révolutionnaire qui a dévoré l'Europe (1). »

Il est à remarquer que Descartes et Newton ont imposé
chacun à leur ouvrage le plus important, un titre analogue :
Les Principes.

Il ne m'appartient pas de décider si cette prétention ne
dépasse pas quelque peu l'ambition naturellement permise
à un mortel ; je me borne à faire cette remarque qu'il ne
saurait y avoir de principes mathématiques de philosophie
naturelle à parler rigoureusement, non plus que des principes anatomiques, physiques, etc., etc., car, au fond et en
réalité, il n'existe qu'un seul et unique principe absolu,
universel, immuable, qui est le fondement de l'école éternelle
dont nous parle M. Bouilland.

« La révolution du Cœur, ainsi que le dit si bien l'illustre
professeur, s'est montrée à moi, pour ainsi dire d'elle-
même, avec une clarté si éclatante dans toutes mes expé-
riences que je ne puis ne pas la considérer comme certaine, et aussi certaine que les mouvements de la Terre sur
elle-même et autour du Soleil.

« Ces mouvements que nous pouvons *contempler* chez
l'homme et les animaux, *de nos yeux, de nos oreilles et
de nos mains*, à l'état normal, n'excitent pas une moindre
admiration que les mouvements des corps célestes eux-
mêmes (2). »

Ce langage, si profondément remarquable de l'illustre et
savant professeur, me fait comprendre sa pensée, quand il

(1) Les Soirées de Saint-Pétersbourg.
(2) Lettre au docteur Sales-Girons, du 23 juin 1874.

applique à notre grande Ecole *anatomo-physiologique* française le titre d'éternelle, car dans la langue exacte et profonde de la tradition chrétienne, les mots : Ciel et Éternité ont un sens identique, puisqu'on dit indifféremment le Père Céleste ou le Père Éternel, et je me rends compte, d'autre part, de cette doctrine du divin Harwey : « le Cœur des animaux est le fondement de la Vie et le Soleil du microcosme ».

Si donc le Cœur est le Soleil du microcosme, comme les fonctions admirables de ce viscère sont évidemment l'exacte représentation et comme l'image parfaite des fonctions du cerveau de l'homme dans l'univers, ou le macrocosme, nous pouvons dès-lors reconnaître, *dans le cerveau de l'Homme Intérieur*, le foyer principal de l'Ether, « cette seconde espèce de matière infiniment plus étendue, plus universelle et très-probablement beaucoup plus active que la matière pondérable, » et nous avons ainsi le droit d'y saluer désormais le Soleil de notre Soleil, et par conséquent, avec l'illustre Lamé, « le Roi véritable de toute la nature physique» et le moteur central tout à la fois d'une *Effusion* et d'une *Attraction* vraiment universelles.

2° — CONFÉRENCE MÉDICALE

———

Le Président (le docteur Damoiseau), ouvre la séance
par l'allocution suivante :

MESSIEURS ET CHERS CONFRÈRES,

Vous n'avez pas oublié qu'en 1866, nous décidâmes la fondation non-seulement d'une conférence médicale, mais
encore d'un congrès scientifique annuel annexé à notre
Société de Secours mutuels des médecins de l'Orne, pour
appeler à nous tous les travailleurs de l'art de guérir,
sans distinction, c'est-à-dire tous les praticiens exerçant
régulièrement la médecine dans notre pays.

Nous n'avons eu jusqu'ici qu'à nous applaudir de cette
libérale initiative et de cet essai pratique de décentralisation scientifique.

Plusieurs inventions plus ou moins heureuses nous ont déjà
fait l'honneur de se produire chez nous, et l'une d'entr'elles,
le Rétroceps, a depuis ce moment, non seulement fait la
fortune de son inventeur, mais encore, il a été accueilli comme
un jour nouveau dans l'art obstétrical, à notre grande école
officielle d'accouchements de la Faculté de médecine de
Paris (1).

(1) Voir le Journal des Sages-Femmes, depuis le 15 janvier 1874.

Une invention importante qui réussit rapidement, est un phénomène si rare, que je crois devoir vous raconter aujourd'hui, dans leurs principaux détails, les soins que j'ai cru de mon devoir d'apporter à la propagation du *Rétroceps*.

Ce fut, vous vous en souvenez, à notre première conférence médicale proprement dite, ou, si l'on veut, à ce que nous avons cru devoir appeler *le Congrès d'Argentan*, que s'offrit à nous pour la première fois le nouvel engin obstétrical.

L'année suivante, à notre conférence de 1868, à Alençon, cet instrument et son auteur furent l'objet parmi nous d'une véritable ovation confraternelle.

« De tels faits, ou plutôt de tels bienfaits, me disait à cette occasion M. de la Sicotière aujourd'hui membre de l'Assemblée nationale, alors l'un de nos avocats, présent à notre banquet annuel, de tels faits, dis-je, devraient, au nom de l'humanité, être livrés à la plus grande publicité possible. »

M. le docteur Delaporte, notre vénérable doyen, qui a l'honneur d'être membre correspondant de l'Académie de médecine de Paris, me proposa, pour honorer comme il convenait un tel progrès, de me joindre à lui et d'aller tous les deux à Fresnay complimenter officiellement l'heureux inventeur. J'acceptai avec plaisir cette proposition, et l'un des premiers jours de septembre, il nous était donné de saluer l'auteur du Rétroceps à son domicile et au milieu de sa famille.

Je n'oublierai jamais cette scène touchante : le beau-père embrassant son gendre les larmes aux yeux en lui disant : « Mon cher ami, nous ne vous connaissions pas ! A vrai dire, Messieurs, ajouta-t-il, en se tournant vers nous, nous aimerions mieux moins d'honneur et plus de sécurité ! »

Et la raison en était que notre distingué confrère, comme tous les hommes de sa trempe, avait autour de lui une sorte de meute d'aboyeurs, si l'on peut parler ainsi ; et nous apprîmes avec douleur la triste nécessité où il se trouvait de quitter Fresnay, et le parti qu'il avait cru devoir prendre d'aller s'établir à la Rochelle.

Ayant été prévenu, au bout de quelques semaines, qu'après avoir été accueilli avec faveur dans cette ville importante, des lettres perfides, dont la source n'était pas douteuse, faisaient hésiter l'opinion publique toute prête à se tourner contre lui, je songeai au moyen que je pourrais employer pour lui venir en aide, et j'eus l'idée d'écrire dans ce but, à Monseigneur l'évêque de La Rochelle la lettre suivante :

Monseigneur,

Mes confrères et moi nous venons de voir avec un véritable regret s'éloigner de nous et s'établir dans votre bonne ville de La Rochelle, un médecin (1) que nous avons vainement essayé de retenir dans notre voisinage, et auquel depuis longtemps, je ne cessais de conseiller le séjour de Paris, comme le seul théâtre qui fût en rapport avec les éminents services qu'il a rendus et qu'il est encore appelé à rendre aux malades.

Je considère donc, Monseigneur, comme un devoir, que m'impose le titre de Président de la Société médicale de l'Orne, de mettre sous les yeux de Votre Grandeur le compte-rendu de notre séance annuelle du 5 août dernier. Vous y verrez, ce que je n'hésite pas à considérer comme un prodige : je veux dire une ovation décernée par des médecins à un médecin, leur confrère ; et cela dans son propre pays et pour une découverte dont il est l'auteur: fait assurément inexplicable pour qui connaît le caractère des médecins, tels aujourd'hui que les a vus Montaigne :

« *Qui veid jamais médecin se servir de la recepte de son compaignon ?* »

J'ai l'honneur d'être, etc., etc.

Alençon, le 26 octobre 1868.

(1) Le docteur Hamon.

L'effet de cet épitre fut rapide et souverain, et je recevais l'année dernière du docteur Hamon une lettre m'annonçant qu'il avait, à La Rochelle, tous les succès qu'il pouvait souhaiter, et qu'il était heureux de pouvoir dire que c'était à la Société de l'Orne et à son Président qu'il en était redevable.

Quant à l'instrument lui-même, voici ce qui est arrivé :

J'avais eu soin de prier l'inventeur, avant son départ, de choisir pour me les envoyer, parmi les nombreuses lettres de remercîments que de toutes parts il avait reçues, une douzaine des plus saillantes.

Je ne me bornai pas à les mettre sous les yeux de nos confrères de la ville, je les fis imprimer dans notre bulletin scientifique, et enfin, les ayant fait ensuite transcrire authentiquement au greffe de la mairie d'Alençon, et M. Lerat de Magnitot, alors préfet de l'Orne, ayant bien voulu se charger de les transmettre officiellement à M. Duruy, j'écrivis à ce ministre pour le prier de vouloir bien les faire mettre sous les yeux des savants spéciaux qu'elles concernent.

Six mois après, je recevais du Ministère de l'Instruction publique une réponse dans laquelle, après m'avoir annoncé l'inutilité de ses propres démarches, M. Duruy me suggérait l'idée de m'adresser directement au Président de l'Académie de médecine.

Je n'hésitai pas. J'écrivis donc à ce haut dignitaire une lettre qui, n'ayant été suivie d'aucune réponse ni d'aucun accusé de réception ni d'une mention quelconque, marquait le terme de mes efforts par l'acquit plein et entier de ma conscience.

C'était le cas ou jamais, n'est-il pas vrai, de répéter la parole fameuse : « Tout est perdu fors l'honneur!...»

Eh bien! non, Messieurs et chers Confrères, tout en réalité, au contraire, était sauvé!

Dans notre malheureux pays, voyez-vous, les individus sont restés meilleurs que les institutions, et il s'est rencontré dans l'Ecole de médecine de Paris un homme de science et de cœur que je ne connais pas encore, mais qui a compris que la doctrine du Rétroceps devait figurer dans le Journal Officiel des Sages-Femmes, par cela même que cet instrument, merveilleux et humanitaire par excellence, doit passer évidemment un jour dans leurs mains.

Cette initiative qui fait le plus grand honneur à notre premier corps enseignant, n'est pas isolée, Messieurs et chers Confrères, et je suis heureux de pouvoir y relever une autre inspiration d'un ordre encore plus élevé, s'il est possible, et je vous demande la permission de vous la faire connaître.

Un savant de la même école, le professeur Ulysse Trélat, avec cette éloquence qui lui est propre, vient d'inaugurer parmi nous, pour ainsi dire, la décentralisation scientifique en adressant à la ville de Lyon les belles paroles que voici :

« Il y a longtemps, grande et puissante cité, que vous aspirez à posséder une Faculté de médecine.... Visez plus haut : faites jaillir de votre immense population, de votre industrie, de vos richesses, faites jaillir non une Faculté, mais une grande et complète *Université* ! Au milieu de ces provinces méridionales agitées et tourmentées, élevez la lumière calme et radieuse de la science, éclairez ses innombrables voies, ses champs inexplorés et ses horizons lointains. Alors, vous serez une grande bienfaitrice, car à la place de l'ignorance révoltée et des passions tumultueuses, vous aurez mis l'apaisement, la conviction et l'énergie persévérante » (1).

Admettez un instant, Messieurs et chers Confrères, que cette profonde pensée soit entendue non-seulement de la ville de Lyon, mais de toutes ses sœurs les grandes capitales de nos anciennes provinces ; et que d'un bout de la France à l'autre, les représentants naturels des sciences divines et humaines consentent à se tendre fraternellement la main pour la fondation de ce grand jury d'Etat, qui est aujour-

(1) Union Médicale, 18 juillet 1854, p. 96.

d'hui l'objet de tous les vœux éclairés ; et le grand problème de l'enseignement supérieur sera définitivement résolu.

« En résumé, dit en terminant l'illustre professeur : des étudiants libres dans leurs choix ; un titre unique, absolu, indispensable, conféré par un jury unique, voilà le système tel que je le conçois dans son ensemble. »

Au point de vue de la pratique de l'art de guérir, l'unité de titre, en effet, me paraît indiscutable, mais il n'en saurait être de même, ce me semble, quand il s'agit d'enseignement : car sur ce terrain, l'on ne saurait confondre, toutes choses égales d'ailleurs, celui qui consacre de 8 à 10 ans de travail à l'apprentissage de sa profession, avec celui qui n'en dépense qu'un nombre d'années moitié moindre.

D'où vient, je vous le demande, Messieurs et chers Confrères, cet attrait irrésistible de nos jeunes élèves pour le doctorat Parisien ? Ah ! ne nous y trompons pas, c'est que pour le plus grand nombre, il offre des avantages qu'ils n'oseraient publiquement avouer.

Ces messieurs, en effet, après avoir passé cinq années de leur première jeunesse dans le tourbillon joyeux de la vie Parisienne, loin de tout regard indiscret, tant de leur famille que de la Société elle-même, en trouvent à la fin le bonnet excessivement commode, pour couvrir leur ignorance, et venir ensuite, comme les autres produits de la grande cité, et avec cette recommandation à nulle autre pareille, étaler et faire valoir leurs titres et mérites sur le pavé de quelque bonne ville de province.

Cette auréole de la grande initiative scientifique, en Europe, que nos ennemis nous reconnaissent encore aujourd'hui, à qui la devons-nous surtout, je vous le demande, Messieurs et chers Confrères, si ce n'est à une poignée de travailleurs animés du feu sacré qui, foulant aux pieds les séductions de la grande Babylonne, consacrent leurs jours et leurs nuits à de gigantesques études, dont quelques-uns seulement, hélas ! reçoivent en cette vie leur récompense ?...

Mais, en réalité, cette pure gloire de la grande Ecole de médecine de Paris, à qui profite-t-elle, si ce n'est à ces bourdons qui trop souvent deviennent des frelons? et cela, bien entendu, au grand détriment des intérêts sacrés de la science et de l'humanité !....

Accordons en conséquence à l'étudiant toutes les libertés possibles, excepté celles de ne point étudier, en ne souffrant pas qu'il cache plus longtemps ses folies juvéniles dans le gouffre Parisien... Qu'il soit obligé dorénavant de conquérir son titre de docteur au grand jour et sous les yeux de ses maîtres.

Quant à l'Enseignement supérieur proprement dit, réservons-le à la Capitale et à ces quelques grandes villes assez riches pour en faire les frais ; et que ceux-là seuls désormais puissent se dire Docteurs de la Faculté de médecine de Paris, qui y auront terminé huit années au moins d'études sérieuses et approfondies.

Pour l'intelligence des allocutions ci-dessus, qu'il me soit permis de mettre sous les yeux du lecteur les textes suivants :

I

La Vérité resplendit dans tout son Jour.

Pilate lui dit : « Vous êtes donc roi?»

Jésus lui répondit : «Vous le dites, je suis roi. C'est pour « cela que je suis né et que je suis venu dans le monde afin « de rendre témoignage à la vérité; quiconque appartient à « la vérité écoute ma voix».

Pilate lui dit : « Qu'est-ce que la Vérité? »

« Et ayant dit ces mots, il sortit pour aller vers les Juifs.»
(St-Jean, ch. XVIII, v. 36 et 38.)

« Il existe, dans le texte évangélique, deux réponses formelles et catégoriques à cette fameuse question du magistrat romain, les voici :

« *Je suis la Vérité* » et ensuite « *Je suis le Principe qui vous parle* ».

Enfin, on y trouve aussi, avec beaucoup d'autres, ce commentaire :

« Lorsque vous aurez exalté le Fils de l'Homme, alors, « vous connaîtrez que *je suis.* »

C'est-à-dire, en d'autres termes, lorque vous aurez brisé en moi la double chaîne de la chair et du sang et fait évanouir avec la matière de l'homme terrestre et extérieur, le nuage qui me couvre, me cache et m'emprisonne tout à la fois, je resplendirai dans tout mon jour, et « *j'attirerai à moi toutes choses* » (1).

II

Le Livre par excellence qui est l'Objet de l'École éternelle

« Or, Thomas, l'un des douze apôtres, appelés Didyme, n'était pas avec eux lorsque Jésus vint. Les autres disciples lui dirent donc : Nous avons vu le Seigneur ».

Mais il leur répondit :

« Si je ne vois dans ses mains la marque des clous qui les ont percées, et si je ne mets mon doigt dans les trous des clous et ma main dans la plaie de son côté, je ne croirai point.

« Huit jours après, les disciples étant encore dans le même lieu, et Thomas avec eux, Jésus vint, les portes étant fermées, et il se tint au milieu d'eux, et leur dit : La paix soit avec vous.

(1) Voir le complément à la page 55 de la brochure *La Fraternité.*

« Il dit ensuite à Thomas : portez ici votre doigt, et considérez mes mains ; approchez aussi votre main et la mettez dans mon côté, et ne soyez plus incrédule, mais fidèle.

« Thomas répondit, et lui dit : Mon Seigneur et mon Dieu. » (St-Jean, ch. xx).

Telle est littéralement l'histoire de l'incrédulité des Anatomistes au XIXe siècle. Ils n'avaient fait jusqu'ici qu'étudier le corps de l'homme avec l'œil de la chair, c'est-à-dire superficiellement et en ne s'élevant jamais au-dessus de cette sphère de perceptions confuses qui ne méritent pas le nom d'idées où vivent nos bouchers, charcutiers et vétérinaires, par rapport aux merveilles de la vie ; or, ils sont parvenus de nos jours, en l'observant non plus seulement avec le sens de la *vue*, mais à l'aide des sens de l'*ouïe* et du *toucher*, à le contempler avec l'œil de la raison, et à y découvrir ainsi, sans sans douter d'ailleurs, le *Livre* par excellence qui est l'objet de l'École éternelle (1).

III

Le Lien ou l'Esprit.

« Étant autrefois professeur de philosophie, m'écrivait Angelo Berzi en 1864, je suivais à peu près la même voie que vous, laissant de côté le sensualisme et le psychologisme, et cherchant à élucider par la méthode ontologique tout ce que j'avais trouvé d'éléments ou de principes supérieurs de philosophie contemplative dans tous les philosophes depuis Platon jusqu'a Malebranche. Mais après avoir fouillé avec un travail opiniâtre tous les repaires du Panthéisme et du Rationalisme, surtout en Allemagne, ce fut alors pour moi une vérité plus claire que le jour, qu'il

---

(1) Voir la lettre de M. l'abbé de la Treiche, page 344 du livre *Science et Foi*.

n'y avait plus désormais de salut possible pour la science philosophique, *si les liens n'étaient découverts*. Ces liens que j'avais vainement cherchés chez les philosophes et les théologiens scholastiques, existent avant tout, en effet, entre le monde idéal et le monde réel, entre le créé et l'incréé, l'infini et le fini, l'éternel et le temporel, le nécessaire et le contingent, etc., etc, ensuite, entre toutes les créatures visibles et invisibles, c'est-à-dire la terre et le ciel, l'âme et le corps, les choses terrestres et les invisibles puissances, etc., etc., et enfin entre les natures du même genre : et, pour tout dire en un mot, je reconnus qu'il n'y avait pas de salut pour la science philosophique, si la raison, la nature, l'essence et la quiddité subsistante de tout nœud et du nœud lui-même (ce en quoi consiste proprement la science) n'était découverte ; point essentiel, sur lequel je n'ai trouvé que le plus profond silence chez tous les philosophes.

C'est alors qu'il m'arriva, je ne sais comment, de le comprendre pour ainsi dire par une seule intuition de cœur, et cela avec une telle évidence que je m'écriai subitement avec le Syracusain :

» Da punctum ut sistam et cœlum terramque movebo ! »

et ce point d'appui, je le trouvai au même instant et c'est le Christ alpha et oméga de toutes choses : et je compris comment toute la science des liens, que j'avais contemplée dans la théorie de l'amour ou de l'esprit, pouvait s'expliquer par le Christ. Aussitôt j'abandonnai la chaire de philosophie pour méditer dans le silence ce que j'avais entendu, et, en parcourant les Saintes Écritures et les écrits des Saints Pères, étudier la divine et propre Idéologie que je sentais pouvoir s'expliquer toute entière par le Christ et son Esprit.

Car je savais l'impuissance, non-seulement des philosophes, mais encore des théologiens eux-mêmes qui se voient arrêtés par une foule d'erreurs, ou tout au moins de difficultés, parce qu'ils ont la présomption de philosopher sur les choses invisibles avant d'avoir suffisamment connu par une notion spirituelle, *les invisibles concrets* (1) où sont cachés tous les principes, et qui ne nous sont accessibles que par la contemplation (2).

Ils étaient ainsi contraints de rechercher et d'expliquer tout ce qu'ils ignoraient, par des notions tirées des sens ou des abstractions de l'Ontologie au moyen de l'analyse et de la synthèse en obscurcissant, par les conceptions hypothétiques de l'homme, ce que Dieu nous a révélé par son Verbe et son Esprit.

Or, après avoir médité pendant quatorze ans sur ce que c'est que le Christ et ce que c'est que son Esprit, et cela, en laissant de côté les probabilités de l'humaine sagesse, s'inspirant le plus souvent de l'Idéologie d'Aristote, j'ai cru avoir compris quelque peu la divine et propre Idéologie de la Sagesse révélée que j'avais vu correspondre très-heureusement avec la théorie de l'amour, telle qu'elle m'était apparue de prime abord ; et alors seulement, c'est-à-dire l'année passée, j'ai cru devoir mettre la main à la restauration de la science dans le Christ, afin qu'au moyen de la philosophie d'abord, ensuite de la théologie, et enfin de la science mystique ou spirituelle, qui est la *science unie* que je contemplais trine et une et achevée dans le cercle même de mon esprit, je montasse par une doctrine formulée graduellement en écrivant, jusqu'au Christ, pour redescendre après l'avoir contemplé.

(1) In mysterio Dei Patris et Christi Jesu sunt omnes thesauri sapientiæ et scientiæ absconditi (ad. Col. 11. p. 2 et 3).

In ipso inhabitat plenitudo Divinitatis corporaliter (id. p. 9).

(2) Ces invisibles concrets où sont cachés tous les principes, et qui ne nous sont accessibles que par la seule contemplation, je les ai trouvés, si je ne me trompe, d'abord dans *le cerveau* qui nous représente le Père Céleste ou Éternel, essentiellement invisible, et ensuite dans *le cœur gauche*, ce distributeur de tous les dons qui correspond au Fils, et est pour nous la figure exacte et l'image parfaite de la bonté paternelle; et enfin, dans *la douche une et universelle du sang rouge*, cette mer microcosmique qui soutient toute la nature vivante, et est la représentation manifeste de l'Esprit souverain et tout-puissant.

IV

La même Thèse, par M. le professeur Wurtz.

« Les mondes qui peuplent les espaces infinis, dit l'illustre Doyen de la Faculté de médecine de Paris, sont faits comme notre propre système et entraînés comme lui, et dans ce grand monde tout est mouvement et mouvement coordonné.

Mais, chose nouvelle et merveilleuse ! Cette harmonie des sphères célestes dont parlait Pythagore et qu'un poète moderne a célébrée en vers immortels, se retrouve aussi dans le monde des infiniment petits.

Là aussi tout est mouvement, mouvement coordonné, et les atômes, dont l'accumulation constitue la matière ne sont jamais au repos.....

Tout vibre dans ce petit monde, et ce frémissement universel de la matière, cette musique atomique, pour continuer la métaphore du philosophe ancien, est quelque chose de semblable à l'harmonie des mondes....

Partout la matière se meut, partout elle vibre, et ces mouvements qui nous apparaissent comme inséparables des atômes, sont aussi l'origine de toute force physique ou chimique.

Tel est l'ordre de la nature, et à mesure que la science y pénètre davantage, elle met à jour en même temps que la simplicité des moyens mis en œuvre, la diversité infinie des résultats. Ainsi, à travers ce coin de voile qu'elle nous permet de soulever, elle nous laisse entrevoir tout ensemble l'harmonie et la profondeur du plan de l'univers. Quant aux causes premières elles demeurent inaccessibles.

Là commence un autre domaine que l'esprit humain sera toujours empressé d'aborder et de parcourir. Il est ainsi fait, et vous ne le changerez pas. C'est en vain que la science lui aura révélé la structure du monde et l'ordre de tous les phénomènes : il veut remonter plus haut, et, dans la conviction instinctive que *les choses n'ont pas en elles-mêmes leur raison d'être, leur support et leur origine,* il est conduit à les subordonner à une cause première, unique, universelle : Dieu (1).

Par le mot Dieu, si admirablement placé ici par notre savant Doyen, il faut entendre évidemment l'Esprit qui, d'après la science de l'apôtre, *opère tout en tous, ce Doigt créateur et conservateur* si visiblement représenté par l'action du cœur gauche au sang rouge.

« Il ne nous reste donc plus qu'à faire sciemment ce qui a été insciemment fait par nos aïeux, répéterai-je avec M. Littré, c'est-à-dire à retirer les derniers voiles, et à prendre déterminément l'*Humanité* (c'est-à-dire suivant moi le Verbe Christ et son Esprit) pour idéal de nos pensées, pour centre de nos affections ; pour but de notre activité et de nos services, pour objet de nos fêtes. » (2)

V

Le vrai Prométhée.

« L'homme se souvient qu'un jour, jour mémorable, lui qui ne peut ni rien créer ni rien détruire, a conquis le divin pouvoir de faire naître à volonté la chaleur et la lumière, et qu'il est ainsi devenu le maître de la terre. »

« Le médecin n'a pas la folle prétention de suspendre le cours des nécessités naturelles, ni d'arracher à la mort l'homme, cette créature périssable marquée du sceau fatal dès le berceau ; mais nouveau Prométhée, il aspire, lui aussi, à dérober le feu du ciel » (3).

Assistons ici d'abord au grand spectacle de la physiologie

(1) Lille, 20 août 1874, inauguration du Congrès.
(2) Béclard, Eloge de Trousseau
(3) Conservation, page 137.

humaine. Le mouvement de la vie se présente à nous sous deux formes bien distinctes : l'une que l'on appelle *le Souffle respiratoire*, et l'autre *le Souffle circulatoire*.

De part et d'autre il y a appel et introduction ou injection d'un fluide (l'air ou le sang), mais dans des conditions bien différentes : dans le poumon, l'air est évacué avec le produit gazeux de l'excrétion pulmonaire par la même grande voie de la trachée et des bronches qui lui a servi d'introduction ; dans tous nos organes, au contraire, le sang ne peut recourir pour opérer son retour au cœur qu'à la voie languissante de l'arbre circulatoire veineux.

Platon avait observé ces deux souffles, qu'il appelle les deux coursiers du char de la vie. L'un, le souffle respiratoire, lui paraît de race divine, et l'autre mêlé de bien et de mal, est suivant lui constamment entraîné *vers la terre*. En effet, la stagnation du sang noir dans le système des canaux veineux d'où résulte naturellement une sorte de suffocation ou d'étranglement circulatoire, contraste au plus haut degré avec *l'effusion rayonnante du sang rouge*.

Dans tous les siècles, on a cherché à combattre *cette stagnation maladive des humeurs peccantes* au sein de nos organes trop condensés et par suite condamnés à mourir.

Les effets vivificateurs de la *gymnastique*, du *massage* et des *frictions méthodiques* secondés par l'hydrothérapie, combattent puissamment cette stagnation. Mais pour que ces méthodes produisent les merveilleux effets qu'elles contiennent en principe, il est nécessaire qu'elles soient pour ainsi dire calquées sur les deux mouvements naturels qui leur correspondent, à savoir : *le massage pneumatique* ou respiratoire que la poitrine exerce sur le tissu pulmonaire et le *massage hydraulique* intime que la répétition perpétuelle des coups de piston du cœur gauche met en jeu dans la profondeur de tous nos tissus vivants.

Tel était le but que je me proposais, il y a 22 ans, alors que la pensée me vint d'établir un mouvement de *va et vient* analogue dans les verres à ventouses de nos appareils traditionnels.

Je mis pour cela, d'une part, le verre à ventouse en communication par un long tube en caoutchouc avec le corps d'une pompe à air constamment agissante, et de l'autre, je combattis ce vide incessamment renouvelé par une réintroduction d'air continue, mais mesurée et graduée à volonté.

De ces deux mouvements opposés d'aspiration et d'expiration, il est résulté un *massage pneumatique énergique* dont l'effet le plus remarquable est *l'écoulement continu du sang* des simples mouchetures de nos scarificateurs mécaniques et le *vigoureux coup de fouet* qu'il imprime, tant à la circulation capillaire locale, qu'à la circulation générale elle-même.

Je me suis demandé bien souvent, à cette occasion, ce que deviendrait la force vitale de l'homme si sa circulation centripète ou veineuse convergeait vers le cœur avec la même puissance que la circulation artérielle rayonne vers tous les organes? Il serait évidemment du même coup inaccessible à la douleur et même à toute altération de son être, parce qu'il serait *un*, selon cette mémorable parole de Galien :

« Ego aio cum Hippocrate, si unum esset homo nunquam doleret, neque enim esset unde doleret si unum foret (1). » (Galien. Introduction sur les éléments.)

Les merveilles accomplies sous nos yeux par nos locomotives à vapeur dont la vitesse défie celle de l'aigle et la force dépasse infiniment celle de l'homme, du bœuf et du lion: ces machines qui réalisent l'unité matérielle du monde inorganique, à quoi tiennent-elles sinon à ce qu'au souffle respiratoire et au souffle circulatoire qui font mouvoir les membres des animaux, le génie de l'homme a substitué le feu qui en fait tourner les roues?.....

----

(1) Exemple, les Martyrs : cette unité déjà se révèle en eux, et, en effet, nous voyons que, supérieurs à la douleur, les martyrs, en un sens, ne souffrent pas...

Pour nous rendre exactement compte de ce chef-d'œuvre de l'industrie humaine, qu'on appelle la machine à vapeur, regardons-la donc avec attention fonctionner un instant. Pénétrons, pour cela, cette masse de fer et, à l'origine même du mouvement, contemplons *deux bouches à vapeur ou à feu* placées directement face à face, mais séparées par un *piston*, sur l'une et l'autre face duquel agissent tour à tour deux séries d'explosions produisant deux séries contraires de mouvements de *va et vient* qui s'ajoutent, et ensuite n'en forment *qu'un seul dans le même sens* au moyen des roues et volants, pour exécuter tous les travaux utiles à la vie humaine?

Le secret de cette prodigieuse découverte, où est-il, si ce n'est évidemment, dans l'intervention du *mouvement circulaire*, permettant d'ajouter l'un à l'autre et de confondre en *un, les deux mouvements contraires* du piston? Or, en toutes choses, *le cercle* est le symbole par excellence du *lien* unissant essentiellement *la substance à la forme* et désigné d'ailleurs dans la mystique chrétienne par l'Esprit ou l'Amour.

Ainsi s'accomplissent à la lettre ces grandes visions prophétiques : « *l'Esprit de Vie était dans les roues.* » (1) *Voilà que le Seigneur vient au milieu du feu, et ses quadriges tourbillonnent comme la tempête.* » (2) Car l'amour est un cercle infini : vrai feu du Ciel, il métamorphose par le sang versé dans le sacrifice l'anarchie des passions adverses et furieuses en une harmonieuse convergence des volontés, réalisant simultanément ainsi *l'unité dans les esprits* et *l'union entre les cœurs.*

(1) Ezéchiel, ch. I, v. 20.
(2) Isaïe, ch. LXVI, v. 15.

Alençon.-E. De Broise.-Oct. 1874